BEI GRIN MACHT SICH IHR WISSEN BEZAHLT

- Wir veröffentlichen Ihre Hausarbeit, Bachelor- und Masterarbeit

- Ihr eigenes eBook und Buch - weltweit in allen wichtigen Shops

- Verdienen Sie an jedem Verkauf

Jetzt bei www.GRIN.com hochladen und kostenlos publizieren

Fabian Müller

Metallische Gläser als Werkstoffe zum Ersatz herkömmlicher Metalllegierungen in der Industrie

GRIN Verlag

Bibliografische Information der Deutschen Nationalbibliothek:

Die Deutsche Bibliothek verzeichnet diese Publikation in der Deutschen National-
bibliografie; detaillierte bibliografische Daten sind im Internet über http://dnb.d-
nb.de/ abrufbar.

Impressum:

Copyright © 2014 GRIN Verlag GmbH
Druck und Bindung: Books on Demand GmbH, Norderstedt Germany
ISBN: 978-3-656-90364-2

Dieses Buch bei GRIN:

http://www.grin.com/de/e-book/293066/metallische-glaeser-als-werkstoffe-zum-
ersatz-herkoemmlicher-metalllegierungen

Müller, Fabian Maximilian

Stufe Q1

Schuljahr 2013/14

Werner-Heisenberg-Gymnasium

Leverkusen

Metallische Gläser als Werkstoffe zum Ersatz herkömmlicher Metalllegierungen in der Industrie

Facharbeit aus der Chemie

Ausgabetermin: 30. September 2013

Abgabetermin: 01. April 2014

Inhalt

1 Einleitung

Konventionelle Metalllegierungen sind aus dem Alltag eines jeden Menschen nicht mehr wegzudenken. In allen Lebensbereichen begegnen uns Gegenstände, welche aus diesen gefertigt sind. Diese sind jedoch nicht immer die optimale Lösung für einen bestimmten Anwendungsbereich. Bei Anwendungen im Bereich der mobilen Elektronik ist beispielsweise die Unempfindlichkeit gegenüber mechanischen Belastungen beim Einsatz konventioneller Metalllegierungen nicht immer in einem ausreichendem Maße gegeben.

Daher ist das Ziel dieser Arbeit die theoretische und empirische Analyse der technologischen und wirtschaftlichen Aspekte von metallischen Gläsern, mit dem Zweck, die Eignung solcher als Ersatz für konventionelle Legierungen bei industriell hergestellter Produkten zu evaluieren.

Im ersten Teil der Arbeit wird dazu zunächst der atomare und molekulare Aufbau metallischer Gläser beschrieben sowie deren Herstellung erläutert. Anschließend werden in Bezug auf die Herstellung insbesondere Vor- und Nachteile im Vergleich mit der Herstellung konventioneller Metalllegierungen betrachtet um im Weiteren zu einer Beurteilung des Aufwands der Herstellung kommen zu können. Der Aufbau wird am Beispiel einer Legierung aus Palladium, Kupfer, Nickel und Phosphor erläutert und in Bezug auf die daraus resultierenden Stoffeigenschaften analysiert. Anschließend werden die Stoffeigenschaften metallischer Gläser im allgemeinen, und die der beispielhaft untersuchten Legierung im speziellen, denen konventioneller Metalllegierungen gegenübergestellt.

Im zweiten Teil der Arbeit wird der Einsatz metallischer Gläser als Ersatz für konventionelle Metalllegierungen unter betriebswirtschaftlichen Gesichtspunkten betrachtet. Dazu werden im ersten Schritt mögliche Anwendungsbeispiele – insbesondere im Bereich der Konsumentenelektronik – entwickelt und Anwendungsfälle, in denen metallische Gläser bereits Verwendung finden, betrachtet. Im Anschluss daran werden die verschiedenen Anwendungsfälle unter Berücksichtigung der Ergebnisse aus dem ersten Teil der Arbeit auf ihre Wirtschaftlichkeit hin untersucht.

2 Chemische Grundlagen

2.1 Atomarer Aufbau & Herstellung

Bei Reinmetallen und herkömmlichen Legierungen bildet sich, verursacht durch die schwache Bindung der Valenzelektronen, auf molekularer Ebene eine Gitterstruktur aus, in der sich die Valenzelektronen frei zwischen positiv geladenen Metallionen, den Atomrümpfen, bewegen können. Dies führt in der Betrachtungsebene der Fernordnung auch zur Bildung von Körnern.

Bei metallischen Gläsern handelt es sich jedoch um ein amorphes Material, das heißt, die Atome bilden keine geordnete Struktur sondern lediglich ein unregelmäßiges Muster.

Werden nun mehrere Metalle erhitzt um eine Legierung herzustellen, so wird dadurch die geordnete Struktur der Atome zerstört. Die ungeordneten Atome der unterschiedlichen Legierungselemente sind in diesem Zustand aufgrund der hohen Temperatur außerordentlich beweglich und verteilen sich so gleichmäßig in der gesamten Schmelze. Wird diese Schmelze nun abgekühlt, so streben die Atome danach sich wieder in einem Kristallgitter anzuordnen.

Dieser Vorgang der Kristallisation muss bei der Herstellung metallischer Gläser jedoch verhindert werden, damit die Atome weiterhin ungeordnet vorliegen. Generell gilt dabei, dass je schneller die Legierung abgekühlt wird, desto weniger Zeit haben die Atome sich im Kristallgitter anzuordnen. Dünne Schichten metallischer Gläser lassen sich so vergleichsweise einfach herstellen.

Sollen jedoch dickere Elemente, wie z.B. Bauteile für Maschinen hergestellt werden, so tritt das Problem auf, dass nur die äußere Schicht des Bauteils ausreichend schnell abgekühlt werden kann,

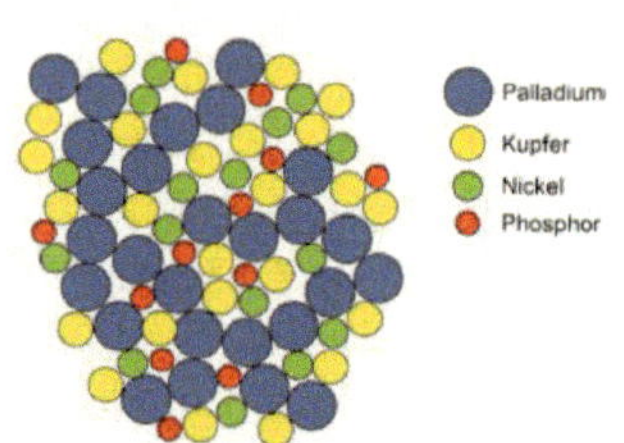

Abb. 1: Unterdrückte Kristallisation in einer Legierung aus Palladium, Kupfer und Nickel

um die Bildung einer Kristallstruktur zu verhindern. Zudem ist das schnelle Abkühlen äußerst energieaufwändig.

Um die Bildung einer Kristallstruktur auch bei niedrigen Kühlgeschwindigkeiten und vergleichsweise hohen Dicken der Probe zu ermöglichen, werden als Legierungselemente Metalle gewählt, bei denen der Größenunterschied der Atome möglichst groß ist. Bei solchen Kombinationen sind die kristallinen Strukturen der metallischen Phase häufig so kompliziert, dass die Atome im Vergleich zu Reinmetallen oder herkömmlichen Legierungen sehr lange brauchen um ihren Platz im Kristallgitter einzunehmen.[1]

Ein Beispiel für eine solche Stoffkombination ist eine Legierung aus Palladium, Kupfer, Nickel und Phosphor. Entscheidend für das Verhindern der Kristallisation sind hier die Palladiumatome, denn diese bilden bereits vor dem vollständigen Erkalten der Schmelze eine geordnete und starre Struktur aus.[2] Diese kann sich nur langsam mit den übrigen Atomen zu einem Kristallgitter ordnen und schränkt die Beweglichkeit der Kupfer-, Nickel- und Phosphoratome stark ein.

VOR- UND NACHTEILE IN HERSTELLUNG UND VERARBEITUNG

Die Herstellung dünner Bänder metallischer Gläser ist durch Verwendung von Schmelzschleudern relativ einfach möglich.[3] Jedoch ist auch dieses Verfahren energieaufwändiger als die Herstellung herkömmlicher Legierungen vergleichbarer Dicke, da hier die Schmelze mit einer Geschwindigkeit zwischen 10^4 und 10^7 Kelvin pro Sekunde abgekühlt werden muss.[4]

Während die Herstellung dünner Bänder lediglich aufgrund des großen Energiebedarfs kostenintensiv ist, müssen für die Herstellung dickerer Werkstücke Legierungen verwendet werden, welche seltene und damit teure Metalle wie z.B. Palladium enthalten.

Dies führt dazu, dass die Herstellung metallischer Gläser zunächst einmal teurer ist als die herkömmlicher Legierungen. Die Verarbeitung, also das Formen des Werkstückes, ist bei metallischen Gläsern jedoch leichter möglich, da die Glasübergangstemperatur – das ist die Temperatur bei welcher der Stoff vom Zustand einer nahezu festen Schmelze zu dem einer viskosen und formbaren wechselt – und sehr niedrig liegt, was ein Verformen je nach Legierung schon bei Temperaturen von unter 100° C ermöglicht.[5]

---

1 vgl. Haider, F. (2000)

2 vgl. Faupel, F. et al. (2013)

3 vgl. Glatzle, U. (2010)

4 vgl. Cahn, R. W. (1986)

5 vgl. Langer, Dr. R. et al. (2012)

2.2 Stoffeigenschaften

Metallische Gläser vereinen in ihren Stoffeigenschaften dir Vor- und Nachteile von Metallen und von Gläsern. Das Glas nicht rostet ist allgemein bekannt, das »Rosten« an sich ist allerdings nur eine spezifische Bezeichnung für die Oxidation von Eisen[6]. Diesen Prozess kann man analog auch als Korrosion bezeichnen. Diese tritt nicht nur bei Metallen auf, sondern kann auch bei anderen Werkstoffen und bezeichnet »[...] die Reaktion eines Werkstoffes mit seiner Umgebung, die eine messbare Veränderung des Werkstoffes bewirkt und zu einer Beeinträchtigung der Funktion eines Bauteiles oder eines ganzen Systems führen kann. [...].«[7]

Das Gläser ebenfalls zu den Werkstoffen gehören, die korrodieren, kann man im Alltag regelmäßig beobachten: Wenn die heimischen Trinkgläser nach jedem Spülgang in der Spülmaschine trüber sind als noch davor, oder die farbigen Kirchengläser über die Jahre immer weniger Licht durchlassen, dann ist in der Regel eine Korrosion dafür verantwortlich.[8]

DIE GEMEINSAMKEITEN MIT DEM FENSTERGLAS

Bei metallischen Gläsern verhält es sich wie mit den Silikatgläsern, welche beispielsweise als Fensterglas verwendet werden. Da es im Gegensatz zu Metallen keine kristalline Struktur mit Kornbildung gibt, sind auch keine Korngrenzen vorhanden, die Angriffsfläche für den Werkstoff korrodierende Stoffe bietet.[9] Besonders interessant ist diese Unempfindlichkeit, da eine der größten Nachteile von weniger edlen Metallen und vielen herkömmlichen Legierungen ist, dass diese unter Einwirkung von Wasser durch den Luftsauerstoff oxidiert werden. Gleichwohl sind metallische Gläser immer noch empfindlicher gegen eine solche Einwirkung als Silikatgläser, da die darin enthaltenen Metalle immer noch eine gewisse Lösungstension besitzen, die wesentlich größer ist als die der Silikate.

Während metallische Gläser eine der größten Stärken von Gläsern besitzen, so besitzen sie aber gleichzeitig aber auch die größte Schwäche

---

6　vgl. Vogt, M. (2002)

7　DIN EN ISO 8044/A1:2012-11 (2012-11)

8　vgl. Fraunhofer-Informationszentrum Raum und Bau IRB (1993)

9　vgl. Faupel, F. et al. (2013)

der meisten Gläser: sie sind spröde.[10] Eben jene Korngrenzen, die Reinmetalle und herkömmliche Metalllegierungen anfällig für Korrosion machen, geben ihnen auch eine hohe Elastizität, denn zwischen den einzelnen Körnen entstehen Gleitebenen, an denen sich die Körner zueinander leichter bewegen können.[11] Damit metallische Gläser trotz ihrer eigentlich spröden Struktur eine hohe Elastizität besitzen, werden künstlich Körner – aus welchem Material diese sind ist derzeit noch nicht veröffentlicht, dies ist vermutlich auf wirtschaftliche Interessen der forschenden Unternehmen zurückzuführen – zu der Legierung hinzugefügt, welche in begrenzten Maße Gleitebenen und damit Elastizität schaffen, ohne gleichzeitig die Korrosionsbeständigkeit erheblich einzuschränken.[12]

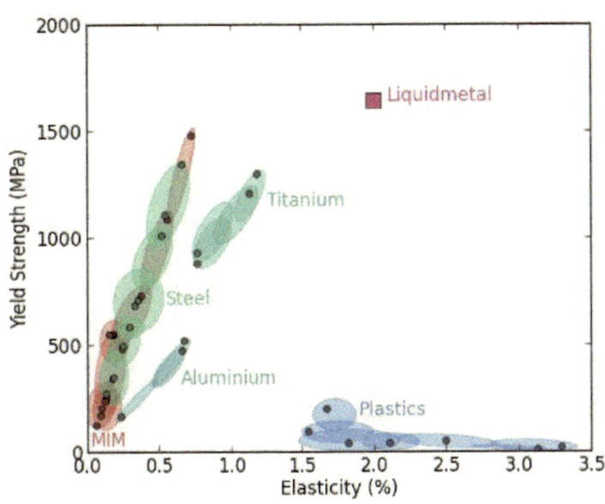

Abb. 2: Elastizität und Zugfestigkeit verschiedener Materialien im Vergleich

Die Tatsache, dass metallische Gläser keine Gleitebenen besitzen führt darüber hinaus auch zu einem weiteren Vorteil dieses Werkstoffes: die Härte. Sie sind je nach Legierung mehr als doppelt so hart wie rostfreier Stahl.[12]

Reinmetalle und konventionelle Legierungen ziehen sich beim Erkalten zusammen, da die Atome, wenn sie im Kristallgitter angeordnet sind, wesentlich weniger Platz benötigen als im erwärmten Zustand. Metallische Gläser hingegen ziehen sich beim erkalten kaum zusammen, da die Atome im ungeordneten Zustand verbleiben und so kaum näher beieinander sind als im flüssigen Zustand.[13] Dies ermöglicht es aus metallischen Gläsern Bauteile mit einer viel größeren Präzision zu fertigen, als dies bei Reinmetallen und konventionellen Legierungen möglich ist.

---

10   vgl. Rycroft, C. H. et. al. (2012)

11   vgl. Faupel, F. et al. (2013)

12   vgl. Commercial Properties | Liquidmetal® Technologies (2014)

13   vgl. The Science | Liquidmetal® Technologies (2013)

3 Betriebswirtschaftliche Bedeutung

3.1 Konsumentenelektronik

Im Bereich der Konsumentenelektronik sind metallische Gläser heutzutage noch nicht angekommen. Ihre Verwendung insbesondere für die Fertigung von Smartphonegehäusen wird in der Öffentlichkeit jedoch aktiv diskutiert. So gibt es Berichte, nach denen die großen Smartphonehersteller Apple und HTC planen, Geräte mit einem Gehäuse aus einem metallischen Glas auf den Markt zu bringen.

Im Falle des Herstellers Apple wird seit 2012 darüber spekuliert, dass dieser ein iPhone mit einem Gehäuse aus einem metallischen Glas des kalifornischen Herstellers Liquidmetal Technologies veröffentlichen möchte.[14] Diese Vermutungen haben sich jedoch nie bestätigt. Lediglich das Werkzeug, mit dem Endbenutzer den Einschub für die SIM-Karte öffnen können, wird aus einem metallischen Glas gefertigt.[15]

Das wirft die Frage auf, warum im konkreten Fall Apple und im Allgemeinen alle Hersteller von Smartphones noch kein aus einem metallischen Glas gefertigtes Gerät vorgestellt haben. Da Unternehmen in der Regel gewinnorientiert arbeiten lässt sich vermuten, dass der Vertrieb eines solchen Gerätes nicht profitabel wäre.

Die durchschnittliche Lebensdauer eines Smartphones beträgt zur Zeit etwa 21,7 Monate, also knapp unter zwei Jahre.[16] Der Einsatz metallischer Gläser wäre im Wesentlichen darauf ausgerichtet die Lebensdauer eines Gerätes zu erhöhen. Je haltbarer ein Produkt ist, desto länger dauert es, bis der Nutzer es ersetzt und ein neues erwirbt.

Das aktuelle iPhone 5s kostet in der günstigsten Variante 699 Euro. Die Herstellungskosten dieses Gerätes – Entwicklungs- und Lizenzkosten nicht berücksichtigt – betragen geschätzt 198.70 Dollar, was gerundet etwa 145 Euro entspricht.[17] Bei einer Lebensdauer von etwa 2 Jahren, hat der Hersteller so effektiv 277 Euro pro Jahr und gekauftes iPhone, bis dieser sich – ausgehend von der Annahme, dass der Konsument ein Nachfolgeprodukt erwirbt – wieder ein neues Gerät des Herstellers kauft. Verlängert man jetzt aber die Lebensdauer eines Gerätes beispielsweise um 2 Jahre, behält aber den Preis bei, so bleiben dem

---

14   vgl. Nguyen, T. (2013)
15   vgl. Selleck, E. (2010)
16   vgl. Entner, Dr. h.c. R. (2013)
17   vgl. Rassweiler, A. et al. (2013)

Hersteller – bei gleichbleibenden Herstellungskosten – über 4 Jahre nur noch 138,5 Euro pro Jahr. Da die Herstellung metallischer Gläser jedoch nicht günstiger, sondern teurer als die herkömmlicher Legierungen ist, kann angenommen werden, dass die tatsächlich pro Jahr verbleibenden Einnahmen bis der Konsument sich ein neues Gerät kauft, geringer als 138,5 Euro sind.

Aktuell wird das Gehäuse zum größten Teil aus Aluminium gefertigt.[18] Das metallische Glas des Herstellers Liquidmetal Technologies besteht jedoch zum größten Teil aus Zirkonium, welches mehr als fünf mal so teuer ist wie Aluminium.[19] Der Anteil der »mechanischen« Komponenten – unter die auch das Gehäuse fällt – am Gesamtpreis des iPhones beträgt etwa 28 Dollar, was etwa 20,50 Euro entspricht.[20] Nimmt man nun an, dass es sich bei diesen Komponenten vor allem um solche handelt, die aus Aluminium gefertigt sind, so würden sich die Herstellungskosten für die mechanischen Komponenten von 20,50 Euro auf etwa 102,5 Euro erhöhen. Die gesamten Herstellungskosten würden so 227 Euro betragen. Von den 699 Euro blieben dem Hersteller bei einer Lebensdauer des Gerätes von vier Jahren noch 118 Euro (abzgl. Steuern, Lizenz- und Entwicklungskosten) pro Jahr bis der Konsument ein neues Gerät erwirbt.

Da ein börsenorientiertes Unternehmen wie Apple seine Einnahmen jedoch steigern oder im mindestens konstant halten möchte, müsst der Preis des Gerätes mindestens soweit angehoben werden, bis wieder pro Jahr 277 Euro an Einnahmen (abzgl. Steuern, Lizenz- und Entwicklungskosten) bleiben. Damit das jedoch der Fall wäre, müsste der Kaufpreis mindestens bei 1 335 Euro liegen.[21]

Grundsätzlich gilt: Je niedriger ein Preis, desto mehr Kunden erwerben tendenziell ein Produkt und je mehr Kunden ein Produkt erwerben, desto höher ist der Umsatz ebenso wie der Gewinn. Gleichzeitig gilt aber auch, dass je höher der Preis des Produktes ist, desto größer ist der Umsatz und auch der Gewinn pro Kunde. Grundsätzlich strebt

---

18 vgl. Apple – iPhone 5s – Technische Daten (2014)

19 vgl. Chandrasekaran, P. (2012)

20 vgl. Rassweiler, A. et al. (2013)

21 [Bisherige Einnahmen pro Jahr bis Neukauf] x 4 + Herstellungskosten (Steuern und etwaige Zölle wurden bei der Berechnung nicht berücksichtigt.)

jedes Unternehmen danach den Preis zu finden, bei dem möglichst viele Kunden das Produkt zu einem möglichst hohen Preis kaufen.

Die Preisphilosophie der Firma Apple ist dahingehend nicht anders. Zurückgehend auf den Firmengründer Steven Paul Jobs versucht man den höchstmöglichen, von den Kunden gerade noch angenommenen Preis, zu wählen.[22] Daraus kann geschlossen werden, dass die Kunden, auch bei einer Verbesserung durch die Verwendung eines metallischen Glases für das Gehäuse, nicht bereit wären viel mehr für den Kauf eines solchen Smartphones zu investieren; ein iPhone, dessen Gehäuse aus einem metallischen Glas gefertigt wurde, müsste also – um die Einnahmen zumindest konstant zu halten – zu einem Preis verkauft werden, bei dem es die Kunden nicht mehr kaufen würden.

Eine alternative Möglichkeit, wie die Einnahmen konstant bleiben könnten wäre, dass der Preis zwar gleich bleiben würde, durch die Verbesserung aber mehr Kunden das Gerät erwerben würden. Damit die Einnahmen jedoch auf diese weise konstant bleiben würden, müsste aufgrund der doppelt so langen Nutzungsdauer und der gestiegenen Herstellungskosten in der gleichen Zeit mehr als doppelt so viele Geräte wie bisher verkauft werden. Zwar konnte Apple vom zweiten Quartal 2012 bis zum zweiten Quartal 2013 den Marktanteil wie auch schon die Jahre zuvor um etwa 1 Prozent steigern, jedoch ist nicht zu erwarten, das nur durch eine Verbesserung des Gehäuses dieses Wachstum mehr als verdoppeln lässt.[23] Es ist zu vermuten, dass es sich bei anderen Herstellern von Smartphones analog verhält, da diese ja auch an einem möglichst großen Gewinn durch den Vertrieb ihres Gerätes interessiert sind.

NICHT WIRTSCHAFTLICH UND AUCH NICHT SINNVOLL

Dass ein Einsatz von metallischen Gläsern für das Gehäuse eines Smartphones unter wirtschaftlichen Gesichtspunkten nicht sinnvoll ist, wurde bereits im vorangegangenen Abschnitt ausführlich erläutert. Angenommen jedoch, die Wirtschaftlichkeit stände nicht im Fokus: Wäre es dann sinnvoll metallische Gläser für das Gehäuse eines Smartphones zu nutzen? Die Antwort dieser Frage hängt vor allem von der Geschwin-

---

22   vgl. Isaacson, W. (2011)
23   vgl. Ostermaier, S. (2013)

digkeit der technischen Entwicklung ab. Dabei ist die Geschwindigkeit der Weiterentwicklung der leistungskritschen Bauteile, wie beispielsweise der zentralen Prozessoreinheit – kurz CPU oder Prozessor – oder dem Arbeitsspeicher – kurz RAM –, von besonderer Bedeutung.

Gordon Moore, Mitbegründer der Intel Corporation, stellte bereits 1965 die Vermutung auf, dass sich die Anzahl der Transistoren auf einem Computerchip jedes Jahr verdoppelt würde.[24] Später korrigierte er diese Vermutung jedoch dahingehend, dass eine Verdopplung nur alle zwei Jahre stattfinden würde.[25] Heutzutage ist diese Vermutung als »Mooresches Gesetz« bekannt, wenngleich der Zeitraum indem die Verdopplung stattfindet auf etwa 18 Monate korrigiert wurde.[26] Die Anzahl der Transistoren ist einem Chip zwar nicht direkt proportional zur dessen Leistung, aber dennoch das entscheidenste Kriterium.[27]

Zusammenfassend lässt sich die Aussage treffen, dass sich die Leistungsfähigkeit eines Computerchips, auch eines solchen der in einem Smartphone verbaut wird, alle 18 Monate signifikant verbessert. Die durchschnittliche Lebensdauer eines Smartphones ist also auf Zufall zurückzuführen, sondern spiegelt nur den Zyklus der Verbesserung der Leistungsfähigkeit der darin verwendeten Computerchips insbesondere der Prozessoren wieder.

Da sich auch die Anwendungen, welche auf Smartphones ausgeführt werden, ständig weiterentwickeln und sich dabei jeweils an der neusten Hardware orientieren, ist eine Unterstützung der älteren Hardware nur in begrenztem Maße gewährleistet. Hinzu kommt, dass immer neue Anwendungsfälle immer mehr Rechenleistung erfordern. Ein Smartphone mit einem Gehäuse aus einem metallischen Glas wäre zwar äußerlich länger haltbar, aber nach wenigen Jahren wäre die verbaute Hardware veraltet.

Da das Moorsche Gesetz aber aufgrund der Funktionsweise eines Transistors nur noch bis circa 2025 gelten kann – danach wäre der Abstand der beiden Elektroden zueinander so gering, dass auch ohne ein Anlegen von Spannung geeigneter Polarität an das »Gate«, ein Stromfluss zwischen diesen zustande kommen würde –, wäre dann eine Fertigung

---

24   vgl. Moore, G. E. (1965)

25   vgl. Moore's Law and Intel Innovation (2014)

26   vgl. Mooresches Gesetz :: Moores law :: ITWissen.info (2014)

27   vgl. All SPEC CPU2006 Results Published by SPEC (2014)

des Gehäuses eines Smartphones aus einem metallischen Glas durchaus erwägenswert.[28] Grund hierfür ist, dass die verbaute Elektronik länger dem aktuellen Stand der Technik entsprechen würde und eine erhöhte Haltbarkeit des Gehäuses so wirtschaftlich sein könnte.

WIRTSCHAFTLICHE VERWENDUNG IN KLEINSTBAUTEILEN

Dennoch scheint eine wirtschaftliche Verwendung von metallischen Gläsern in kleinsten Bauteilen von Smartphones möglich zu sein. So hat der Hersteller Apple Patentanträge auf die Verwendung von metallischen Gläsern für Tasten, Schrauben und Touch-Screen-Sensoren eingereicht.[29]

Während die Verwendung metallischer Gläser in Touch-Screen-Sensoren zur Verbesserung der Genauigkeit dieser nur eine konsequente Weiterentwicklung einer bereits bestehenden Technologie ist, die kosteneffizient ist, da hierfür nur sehr dünne Schichten eines metallischen Glases benötigt werden, handelt es sich bei der Verwendung in Tasten und Schrauben um wirtschaftlich interessante Verwendungsweisen.

Schrauben aus einem metallischen Glas haben den entscheidenden Vorteil, dass diese durch die Benutzung von falschem Schraubwerkzeug oder sonstige Einflüsse nicht so schnell abnutzen. Schrauben aus einem Reinmetall oder konventionellen Metalllegierungen hingegen können leicht so stark abnutzen, dass ein Herausschrauben nicht mehr möglich ist. Lässt sich dadurch das Gehäuse eines Gerätes nicht mehr öffnen, so muss im mindesten das Gehäuse, wenn nicht sogar das ganze Gerät ausgetauscht werden. Die Materialkosten für die Herstellung solcher Schrauben sind nur geringfügig höher als die solcher aus herkömmlichen Legierungen, da aber durch ihre Verwendung die Gesamtzahl der auszutauschenden Geräte gesenkt werden kann und damit auch die Ausgaben für Service und Support, stellen sie mitunter eine witschaftlich sinnvolle Überlegung dar. Ähnlich verhält es sich mit Tasten, welche durch die Verwendung metallischer Gläser besonders langlebig sind.

Es lässt sich also festhalten, dass zwar die Verwendung metallischer Gläser als Material für das Gehäuse von Smartphones nicht wirtschaftlich ist, wohl aber die Verwendung in anderen Teilen des Geräts.

---

28 vgl. 2veratasium (2013)
29 vgl. Dressler, N. J. (2014)

3.2 Luxusgüter

Eine weitere Möglichkeit der Verwendung von metallischen Gläsern stellen Luxusgüter wie beispielsweise Armbanduhren dar. Anders als Smartphones und ein Großteil der Konsumentenelektronik sind die meisten Luxusgüter wie Armbanduhren nicht der mit dem technologischen Fortschritt einhergehenden »Veraltung« unterworfen, sondern Traditionsprodukte. Zwar werden bei der Herstellung auch immer neue Technologien genutzt, aber das Endprodukt soll möglichst lange, wenn nicht sogar ein Leben lang halten.

Da die Auswahl der Werkstoffe bei Luxusgütern nicht nur nach pragmatischen Kriterien, sondern auch nach solchen der Exklusivität erfolgt, steht hier meist der Preis nicht im Mittelpunkt. So hat der Schweizer Uhrenhersteller Omega für die Lünette seiner »Omega Seamaster Planet Ocean Liquidmetal« eine Kombination aus einer Keramik und einem metallischen Glas verwendet.[30] Bei einem Preis von weit über 4 000 Euro werden die durch die Verwendung von metallischen Gläsern gestiegenen Herstellungskosten nicht wesentlich zum Endpreis beigetragen haben.

Ebenso finden metallische Gläser in Sportgeräten wie beispielsweise Golfschlägern Verwendung.[31] Der Vorteil bei der Verwendung beispielsweise in Golfschlägern ist offensichtlich: Durch die große Härte eines metallischen Glases wird mehr der aufgewendeten Kraft auf den Golfball übertragen, das heißt, dieser fliegt weiter. Bei Golfschlägern aus herkömmlichen Metalllegierungen federt das Material des Schlägers jedoch immer einen Teil der Kraft ab, dadurch fliegt der Ball weniger weit. Da es sich bei Golf generell um einen sehr teuren Sport handelt, fällt die Verwendung der teureren metallischen Gläsern statt der günstigeren Metalle nicht so sehr ins Gewicht.[32]

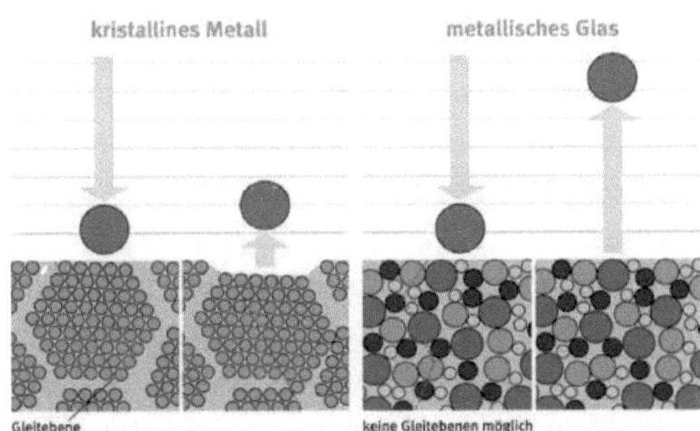

Abb. 3: Widerstandsfähigkeit metallischer Gläser und herkömmlicher Metalllegierungen im praktischen Vergleich

---

30   vgl. Adams, A. o.J.
31   vgl. Ambrosiano, N. (2014)
32   vgl. EINSTEIGER | Die Fakten für Anfänger | Golf.de (2014)

3.3 Sonstiges

Natürlich bieten metallische Gläser auch in anderen Lebensbereichen Möglichkeiten der sinnvollen und wirtschaftlichen Verwendung. Kennzeichnend für solche Verwendungsarten ist dabei, dass durch die Verwendung von metallischen Gläsern ein Produkt verbessert wird, ohne das aber die Zeit bis der Kunde ein Nachfolgeprodukt erwirbt verlängert wird und der Preis des Produktes signifikant angehoben werden muss.

Einen möglichen Verwendungsbereich findet man in der Sicherheitstechnik, genauer bei Schließzylindern. Moderne Schließzylinder lassen sich durch einen so genannten »Aufbohrschutz« gegen das Aufbohren schützen.[33] Beim Aufbohren werden mithilfe eines Bohrers die Sperrstifte (In der nebenstehenden Abbildung hellblau) aus dem Kern entfernt, sodass sich dieser drehen und damit das Schloss öffnen lässt.[34] Dabei gibt es grundsätzlich zwei Möglichkeiten: Entweder wird der Kern durchbohrt, dabei werden Sperr- und Gehäusestifte

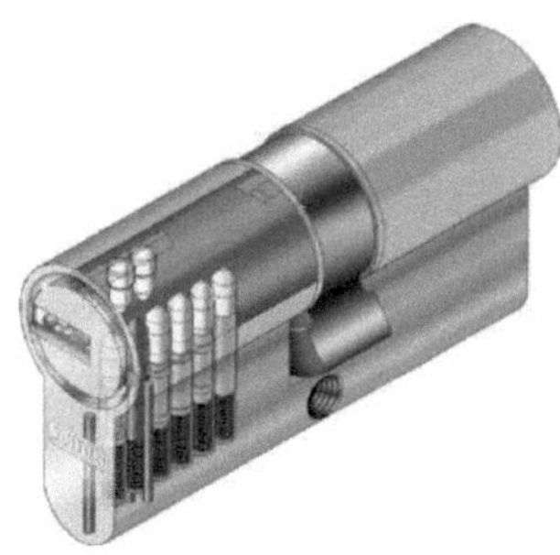

Abb. 4: Schnittzeichnung des ABUS EC550 Doppelzylinders

(In der nebenstehenden Abbildung orange) zum größten Teil herausgefräst, sodass sich der Zylinder öffnen lässt, oder aber das Gehäuse wird durchbohrt, dadurch werden die Federn (In der nebenstehenden Abbildung rot und spiralförmig) und Gehäusestifte herausgefräst, die Sperrstifte fallen herunter und der Zylinder lässt sich ebenfalls öffnen. Zum Schutz vor dem Aufbohren des Gehäuses nutzt man in der Regel Stifte aus einem besonders harten Material (In der nebenstehenden Abbildung rot), beispielsweise gehärteten Stahl.

Metallische Gläser sind je nach Legierung härter als gehärteter Stahl oder sogar Titan.[35] Während sich Schlösser, welche durch Stifte aus gehärtetem Stahl gegen Aufbohren geschützt werden, mit einem Titanbohrer problemlos aufbohren lassen, würde sich ein Schloss welches durch Stifte aus einem metallischen Glas gegen Aufbohren geschützt wird lediglich mit einem Diamantbohrer aufbohren lassen.

---

33   vgl. Aufbohrschutz – ABS (2014)
34   vgl. schlossereioldorf (2011)
35   vgl. The Science | Liquidmetal® Technologies (2013)

Natürlich stellen aber auch metallische Gläser keinen unüberwindbaren Schutz vor dem Aufbohren eines Schlosses dar. Aufgrund der niedrigen Glasübergangstemperatur wäre es theoretisch möglich das Gehäuse bis zu dem vor dem Aufbohren schützenden Stift anzubohren und diesen dann durch erhitzen mit einem handelsüblichen Bunsenbrenner zu beseitigen. Hierbei wären jedoch auch Konstruktionen denkbar, bei dem das metallische Glas, wenn es über die Glasübergangstemperatur hinaus erhitzt wurde, so ins Innere des Gehäuses fließt, dass es die Gehäusestifte blockiert und somit ein Durchbohren dieser weiterhin erschwert.

Zusammenfassend lässt sich sagen, dass sich mit genügend Zeit auch ein Schließzylinder, bei dem metallische Gläser bei der Konstruktion eingesetzt wurden, aufbohren lässt. Jedoch wäre es zeitaufwändiger als bei einem Schloss mit einem Stift aus gehärteten Stahl. Da der Schließzylinder einer Tür meist Austauschzyklen von mehr als einem Jahrzehnt unterliegt und die Steigerung der Herstellungskosten durch die Verwendung metallischer Gläser nur moderat wäre, könnten metallische Gläser in der Sicherheitstechnik sinnvollen und wirtschaftlichen Einsatz finden.

GEBRAUCH IN SONDERFELDERN

Darüber hinaus können metallische Gläser Verwendung in momentan nur unter wissenschaftlichen Gesichtspunkten interessanten Gebieten finden. Da sich metallische Gläser beim Erkalten nur minimal zusammen ziehen, lassen sie sich auf den Mikrometer genau fertigen, so wäre ein Einsatz in der Nano-Technologie denkbar.

Abb. 5: Hochpräzises Zahnrad aus metallischem Glas

Auch für die Luft- und Raumfahrt sind metallische Gläser aufgrund ihrer Härte interessante Werkstoffe, da sie hohen Drücken trotzen können und damit potenziell weniger für Verschleiß anfällig sind als Reinmetalle oder herkömmliche Metalllegierungen. Da diese Anwendungsgebiete meist nicht im Rahmen einer Industriellen Produktion stattfinden, sollen sie im Rahmen dieser Arbeit nicht näher erläutert werden.

4 Abschließende Betrachtung

Unter Berücksichtigung aller Ergebnisse dieser Arbeit lässt sich festhalten, dass sich metallische Gläser bedingt als Werkstoffe zum Ersatz herkömmlicher Metalllegierungen in der Industrie eignen.

In diesem Fall meint »geeignet«, dass die Nutzung eines metallischen Glases zum Ersatz einer herkömmlichen Metalllegierung in einem betrachteten Szenario sowohl wirtschaftlich als auch technologisch sinnvoll sind.

Ein Smartphone mit einem Gehäuse aus einem metallischen Glas würde so zwar bei den Konsumenten auf große Akzeptanz treffen, wäre jedoch weder technologisch noch wirtschaftlich sinnvoll. Deswegen wird ein solches Gerät in den nächsten Jahren vermutlich nicht auf den Markt gebracht werden.

Weitaus wahrscheinlicher und auch wirtschaftlich sinnvoller ist hingegen die Verwendung metallischer Gläser in Luxusgütern wie Armbanduhren, da hier aufgrund der ohnehin sehr großen Lebensdauer der Produkte die Zeit, bis der Konsument ein Nachfolgeprodukt erwirbt, von vernachlässigbar kleiner Relevanz ist.

Darüber hinaus finden sich wirtschaftlich und technologisch sinnvolle Einsatzszenarien vor allem dort, wo die Produktlebensdauer ohnehin sehr lang, die Steigerung der Herstellungskosten durch die Verwendung metallischer Gläser jedoch moderat ist.

Natürlich gibt es auch viele wissenschaftlich interessante Einsatzmöglichkeiten, die aber für den normalen Konsumenten uninteressant sind und nur hochspezialisierte Konzerne und Forschungszentren anstreben könnten.

Zusammenfassend lässt sich die Aussage treffen, dass die Frage, ob metallische Gläser herkömmliche Metalllegierungen in der Industrie ersetzen können mit »ja, aber mit Einschränkungen« beantwortet werden kann. So kommt es sehr auf den jeweiligen Einsatzbereich an, ob metallische Gläser wirtschaftlich und technologisch sinnvoll verwendet werden können oder nicht.

Literaturverzeichnis

Adams, A. Omega Seamaster Planet Ocean Liquidmetal. *askmen* [Online] o.J., http://uk.askmen.com/fashion/watch/omega-seamaster-pla-net-ocean-liquidmetal.html (Stand 30. März 2014).

All SPEC CPU2006 Results Published by SPEC http://www.spec.org/cpu2006/results/cpu2006.html (Stand 30. März 2014).

Ambrosiano, N. 'Fore!' heads up, wide use of more flexible metallic glass coming your way. *Los Alamos National Laboratory* [Online] 2014, http://www.lanl.gov/newsroom/news-releases/2014/March/03.03-flexible-metallic-glass.php (Stand 30. März 2014).

Apple – iPhone 5s – Technische Daten http://www.apple.com/de/iphone-5s/specs/ (Stand 29. März 2014).

Aufbohrschutz – ABS http://www.schliessanlage.de/lexikon/abs/ (Stand 30. März 2014).

Brockmann, M. Die Glasübergangstemperatur. *Didaktik der Chemie, FU Berlin* [Online] 2000, http://www.chemie.fu-berlin.de/chemistry/kunststoffe/glas.htm (Stand 29. Dezember 2013).

Cahn, R. W. Physical Metallurgy, 3rd ed.; Elsevier Science Publishers B.V.: Amsterdam, 1983

Chandrasekaran, P. Liquidmetal, What is it? *übergizmo* [Online] 2012, http://www.ubergizmo.com/2012/04/liquidmetal-what-is-it/ (Stand 29. März 2014).

Commercial Properties | Liquidmetal® Technologies http://liquidmetal.com/properties/properties/ (Stand 26. März 2013).

DIN EN ISO 8044/A1:2012-11 Corrosion of metals and alloys - Basic terms and definitions (ISO 8044:1999/DAM 1:2012); German version EN ISO 8044/prA1:2012

Dressler, N. J. Wofür will Apple die Liquidmetal-Legierung nutzen? *MacLife* [Online] 2014, http://www.maclife.de/iphone-ipod/iphone/wofuer-will-apple-die-liquidmetal-legierung-nutzen (Stand 30. März 2014).

EINSTEIGER | Die Fakten für Anfänger | Golf.de http://www.golf.de/publish/60082091/golfeinsteiger/die-fakten-fuer-anfaenger (Stand 30. März 2014).

Entner, Dr. h.c. R. Entner: Handset replacement cycles haven't changed in two years, but why?Read more: Entner: Handset replacement cycles haven't changed in two years, but why? *FierceWireless* [Online] 2013, http://www.fiercewireless.com/story/entner-handset-replacement-cycles-havent-changed-two-years-why/2013-03-18 (Stand 29. März 2014).

Faupel, F.; Rätzke, K.; Gojdka, B. Metallische Gläser – robust und extrem vielseitig. *Welt der Physik* [Online] 2010, http://www.weltderphysik. de/gebiete/stoffe/metalle/metallische-glaeser/ (Stand 29. Dezember 2013).

Fraunhofer-Informationszentrum Raum und Bau IRB Literaturstudie zur Glaskorrosion [Online] 1993, http://www.baufachinformation.de/ denkmalpflege.jsp?md=1997117110651 (Stand 26. März 2014).

Faupel, F.; Rätzke, K.; Gojdka, B. Metallische Gläser – robust und extrem vielseitig. *Welt der Physik* [Online] 2010, http://www.weltderphysik. de/gebiete/stoffe/metalle/metallische-glaeser/ (Stand 29. Dezember 2013).

Langer, Dr. R.; Reschke, S.; Kohlhoff, J.; Grüne, Dr. M. Metallische Gläser. *Werkstoffzeitschrift* [Online] 2012, http://werkstoffzeitschrift.de/ blogwerkstoffe/metallische-glaser/ (Stand 23. März 2014).

Glatzle, U. Metalle II (Formged. + Metallische Gläser). *Lehrstuhl Metallische Werkstoffe, Universität Bayreuth* [Online] 2010, http://www. metalle.uni-bayreuth.de/de/download/teaching_downloads/ Vorl_Metalle2/Metalle_II__Teil_d_Formgedaechtnisleg_Metallische_Glaeser.pdf (Stand 23. März 2014), S. 39.

Haider, F. Kriterien für Glasbildung. *Institut für Physik, Universät Augsburg* [Online] 2000, http://www.physik.uni-augsburg.de/~ferdi/ skript/teil1/node51.html (Stand 23. März 2014).

Nguyen, T. iPhone 5S soll durch Liquidmetal unverwüstlich werden. *Connect* [Online] 2013, http://www.connect.de/news/iphone-5s-liquidmetal-unzerstoerbar-release-date-fluessigmetall-1528692. html (Stand 29. März 2014).

Isaacson, W. Steve Jobs, 1. Auflage; C. Bertelsmann: München, 2011; S.82 ff.

Moore, G. E. Cramming More Components onto Integrated Circuits. *Electronics Magazine* 1965, 114–117, S 0018-9219(98)00753-1.

Mooresches Gesetz :: Moores law :: ITWissen.info http://www.itwissen.info/ definition/lexikon/Mooresches-Gesetz-Moores-law.html(Stand 30. März 2014).

Moore's Law and Intel Innovation http://www.intel.com/content/www/us/ en/history/museum-gordon-moore-law.html (Stand 30. März 2014).

Rassweiler, A.; Lam, W. Groundbreaking iPhone 5s Carries $199 BOM and Manufacturing Cost, IHS Teardown Reveals. *IHS Technology* [Online] 2013, https://technology.ihs.com/451425/groundbreaking-iphone-5s-carries-199-bom-and-manufacturing-cost-ihs-teardown-reveals (Stand 29. März 2014).

Rycroft, C. H.; Bouchbinder, E. Fracture Toughness of Metallic Glasses: Annealing-induced Embrittlement. *Phys. Rev. Lett.* [Online]. DOI: 10.1103/PhysRevLett.109.194301. Online veröffentlicht: 7. November 2012. http://link.aps.org/doi/10.1103/PhysRevLett.109.194301 (Stand 29. Dezember 2013).

Ostermaier, S. Marktanteile Q2 2013: Samsung unangefochtener Spitzenreiter. *Caschys Blog* [Online] 2013, http://stadt-bremerhaven.de/marktanteile-q2-2013-samsung-unangefochtener-spitzenreiter/ (Stand 30. März 2014).

schlossereioldorf ABUS Zylinder Bohren Schlosserei Oldorf.AVI. [Onlinevideo] 2011, https://www.youtube.com/watch?v=9Op7pzXEm1U(Stand 30. März 2014).

Selleck, E. Apple Utilizing Liquidmetal Alloy in iPhone SIM Ejector Tool. *SlashGear* [Online] 2010, http://www.slashgear.com/apple-utilizing-liquidmetal-alloy-in-iphone-sim-ejector-tool-1798011/ (Stand 29. März 2014).

The Science | Liquidmetal® Technologies http://liquidmetal.com/properties/the-science/ (Stand 30. Dezember 2013).

Vogt, M. Dumonts Handbuch Allgemeinbildung, 2. Auflage; DuMont monte: Köln, 2002; S.79

2veratasium Transistors & The End of Moore's Law. [Onlinevideo] 2013, https://www.youtube.com/watch?v=rtI5wRyHpTg (Stand 23. März 2014).

Bildnachweise

S. 4 Günther, D. Unterdrückte Kristallisation, o.J. http://www.weltder-
physik.de/typo3temp/pics/20100818_AtomarerKaefig_Guenther_
a7147695dd.png (Stand 22. März 2014)

S. 7 o.A. o.T., o.J. http://liquidmetal.com/wp-content/uploads/2013/10/
strength-v-elasticity.png (Stand 26. März 2014)

S. 13 Günther, D. Hochfestes Glas, o.J. http://www.weltderphysik.de/ty-
po3temp/pics/20100818_HochfestesGlas3_Guenther_7e379cbb14.
png (Stand 30. März 2014

S. 14 o.A. o.T., o.J. http://www.graefe-fitzal.de/images/product_images/
popup_images/EC550_Schnittzeichnung.jpg (Stand 30. März 2014)

S. 15 o.A. o.T., o.J. http://www.weltderphysik.de/uploads/tx_wdpmedia/
zahnrad_liquidmetal.jpg (Stand 30. März 2014)